KORPORATION DER KAUFMANNSCHAFT VON BERLIN.

Handelshochschule Berlin.

Vorlesungen und Übungen

im Sommer-Semester 1911.

Preis 30 Pf. Zu haben beim Pedell in der Pförtner-Loge des Hochschulgebäudes (am Eingang Spandauerstr. 1).

Verlag von Georg Reimer
Berlin W.35, Lützowstr. 107-8.

Inhalt.

A.

Lehrkörper der Handelshochschule Berlin.

(Die Sprechstunden sind in Klammern angegeben.)

I. Rektor (Rektoratsperiode bis Herbst 1913)

Dr. A. Binz, Professor (s. Nr. 1).

II. Stellvertreter des Rektors

Dr. Schär, Professor (s. Nr. 7).

III. Dozenten im Hauptamte.

		Nummern der Vorlesungen.
1.	Dr. Binz, Professor der Chemie, Berlin W. 30, Habsburger Str. 10 II, Amt VI, 14 889. *(Di, Mi, Fr 10-11 im Rektoratszimmer.)*	70-74
2.	Dr. Eltzbacher, Professor der Rechtswissenschaft, Grunewald, Beymestr. 7. *(Mi, Sb 11 1/2 Uhr im Hochschulgebäude, Zimmer 106, Amt I, 5311.)*	46, 50, 53-55
3.	Dr. Jastrow, Professor der Staatswissenschaften, Charlottenburg, Berliner Str. 54 (von Mitte März ab: Westend, Nußbaumallee 24). *(Mi, Do, Sb 10 Uhr, Fr 5 Uhr im Hochschulgebäude, Zimmer 207. Mo, Do 4-5 in der Privatwohnung.)*	1, 20, 29-31
4.	Leitner, Professor der Handelswissenschaften, Charlottenburg, Windscheidstr. 5 I). *(Im Hochschulgebäude, Zimmer 108, nach den Vorlesungen, Amt I, 5311.)*	3, 4, 10, 12, 17

Nummern der Vorlesungen.

5. Dr. Martens, Professor der Physik, Berlin NW. 23 (Bahnhof Bellevue), Claudiusstr. 4, Gartenhaus III. Etage. *(Täglich im Physikalischen Institut, Fernsprecher des Physikalischen Instituts, Amt I, 5115.)* 64-69

6. Dr. Preuß, Professor des öffentlichen Rechts, Berlin W. 10, Matthäikirchstr. 29. *(Im Hochschulgebäude Zimmer 106 nach den Vorlesungen.)* 51,52,56

7. Dr. Schär, Professor der Handelswissenschaften, Groß-Lichterfelde-Ost, Schillerstr. 26, Telephon Amt Groß-Lichterfelde 3658. *(Di 12-1 im Hochschulgebäude, Zimmer 1, Amt I, 5311.)* 2, 9, 13, 16

8. Dr. Sombart, Professor der Staatswissenschaften, Charlottenburg, Suarezstr. 27 (Eingang Trendelenburgstraße.) *(Mi, Do um 2 Uhr im Hochschulgebäude, Zimmer 104, Amt I, 5311.)* 19,21,28

9. Dr. Spies, Dozent der englischen Sprache, Berlin W. 57, Kurfürstenstr. 4 III. *(Im Hochschulgebäude, Zimmer 125, nach den Vorlesungen und Übungen, Amt I, 5311; in der Privatwohnung Mi $1^1/_2$-2.)* 81, 83, 108, 109

IV. Dozenten im Nebenamte.

10. Dr. Apt, Professor, Syndikus der Aeltesten der Kaufmannschaft von Berlin und Syndikus der Handelshochschule, Berlin NW. 40, In den Zelten 9a. *(Mi 12-1 in seinem Amtszimmer Neue Friedrichstr. 51 I.)*

11. L. Bendix, Charlottenburg, Dernburgstr. 50. *(Mo, Do 4-5 in der Wohnung.)* 23-25

12. Dr. v. Bortkiewicz, a. o. Professor an der Universität, Halensee, Johann-Sigismund-Str. 2. *(Do 10-12 in der Wohnung.)*

13. Dr. Crüger, Justizrat, Professor, Anwalt des Allgemeinen Deutschen Genossenschaftsverbandes, Westend, Nußbaumallee 17. *(9-10 im Bureau des Allgemeinen Deutschen Genossenschafts-Verbandes, Charlottenburg, Berliner Strasse 102.)* Amt Charlottenburg 597. 41, 42

14. Dr. Eger, Geheimer Regierungsrat, Berlin W. 10, Rauchstr. 5 II, Amt VI, 4974. *(Täglich 5-6 in der Privatwohnung; Do 8 abends im Hochschulgebäude, Zimmer 103.)* 47

Nummern der Vorlesungen.

15. Dr. Frischeisen-Köhler, Privatdozent an der Universität, Berlin SW. 61, Gitschiner Str. 1 II. *(Nach der Vorlesung.)* **103**

16. Dr. Paul Goldschmidt, Professor, Oberlehrer a. D., Steglitz, Hohenzollernstr. 7 I. *(3-4 in der Wohnung.)*

17. Dr. Hager, Regierungsrat a. D., Direktor der Preußischen Lebens-Versicherungs-Aktien-Gesellschaft, Berlin W. 8, Mohrenstr. 62. *(Im Hochschulgebäude, Zimmer 103, vor und nach der Vorlesung.)* **37, 38**

18. Haguenin, Professor an der Universität Berlin, Wilmersdorf, Hohenzollerndamm 205, Amt Wilmersdorf 3054. *(Im Hochschulgebäude nach der Vorlesung, Di 11-1 in der Wohnung.)* **110**

19. Hermann Hecht, Kaufmann, Mitinhaber der Firma Hecht, Pfeiffer & Co., Berlin SW. 68, Ritterstr. 48, Amt IV, 10 387, 10 388, 10 389. *(Vormittags 9-10, Ritterstr. 48.)* **18**

20. Dr. Heilfron, Amtsgerichtsrat, Professor, Charlottenburg, Fasanenstr. 6, Amt Charlottenburg 10 012. *(Nach den Vorlesungen im Hochschulgebäude, Zimmer 103.)* **44, 49**

21. Dr. Herrmann, Professor, Privatdozent an der Universität, Schriftleiter der Gesellschaft für deutsche Erziehungs- und Schulgeschichte, Berlin W. 50, Augsburger Str. 34 III. *(Mo, Do 4-5 in der Privatwohnung.)* **104**

22. Dr. Hoeniger, Professor, Privatdozent an der Universität, Lehrer an der Kriegsakademie, Berlin W 50, Kurfürstendamm 231, hochparterre. *(Di, Fr 3½-5 in der Privatwohnung)* **63**

23. Dr. Justi, Professor, Direktor der Königlichen National-Galerie, Wilmersdorf, Xantener Str. 15, Amt Wilmersdorf 3786. *(Mi 5-6 in der Wohnung.)* **105**

24. Dr. Köbner, a. o. Professor an der Universität, Wirklicher Admiralitätsrat und Vortragender Rat im Reichs-Marine-Amt, Berlin W. 10, Matthäikirchstr. 28 parterre, Amt VI, 5194. *(Nach der Vorlesung im Hochschulgebäude.)* **32**

Nummern der Vorlesungen

25. Dr. Kriele, Volkswirtschaftlicher Beirat der Aeltesten der Kaufmannschaft von Berlin, Grunewald, Hohenzollerndamm 89, Amt Wilmersdorf 1104. *(Werktäglich von 10-11 Neue Friedrichstr. 51 I.)* 27

26. Dr. Kühne, Landesgewerberat, Charlottenburg, Schloßstraße 48. *(Nach der Vorlesung im Hörsaal oder nach den Übungen im Seminar)* 100, 101

27. Dr. Freiherr v. Liebig, Regierungsrat, Mitglied des Kaiserlichen Aufsichtsamts für Privatversicherung, Berlin W. 15, Ludwigskirchstr. 10 III. *(Vor und nach den Vorlesungen im Hochschulgebäude, Zimmer 103.)* 35, 39

28. Dr. v. Luschan, o. Professor an der Universität, Direktor am Museum für Völkerkunde, Südende, Oehlertstr. 26, Amt Tempelhof 3222. *(Nach der Vorlesung.)* 34

29. Dr. Manes, Professor, Generalsekretär des Deutschen Vereins für Versicherungswissenschaft, Berlin W. 50, Prager Str. 26 I, Amt Wilmersdorf 6709. *(Nach den Vorlesungen im Hörsaal; in der Wohnung nach Verabredung.)* 36, 40

30. Dr. Marcuse, Professor, Privatdozent an der Universität, Lehrer beim Luftschiffer-Bataillon, Groß-Lichterfelde-Ost, Villa Wilhelmstr. 5, Amt Groß-Lichterfelde 286. *(In der Privatwohnung täglich von 3-4.)* 60-62

31. Dr. Meißner, Westend, Platanenallee 12a, Amt Charlottenburg 3858. *(Nach der Vorlesung.)* 6

32. Dr. F. Meyer, Kammergerichtsrat, Berlin W. 15, Regensburger Str. 17. *(5-6 in der Privatwohnung.)* 45

33. Dr. Muthesius, Geheimer Regierungsrat, Nikolassee, Dreilindenstraße. *(Nach der Vorlesung im Hörsaal.)* 106

34. Norden, Redakteur, Berlin W. 50, Spichernstr. 7, Amt VI, 10 744. *(In der Privatwohnung an jedem Sonnabend von 5-6.)* 7

35. Dr. Osterrieth, Professor, Generalsekretär des Deutschen Vereins für den Schutz des gewerblichen Eigentums, Berlin, Bureau: W. 66, Wilhelmstr. 57-58 II, Amt I, 5404. *(Von 12-2 im Bureau.)* 48

36. Dr. Palme, Lehrer am Orientalischen Seminar der Universität, Berlin W. 57, Bülowstr. 67 III. *(Im Sprechzimmer nach den Vorlesungen und Übungen, in der Wohnung nach Verabredung.)* 26

Nummern der Vorlesungen.

37. Paschke, Verlagsbuchhändler, Berlin W. 57, Großgörschenstr. 30. *(In der Hochschule nach den Vorlesungen.)* 8

38. Dr. Rahts, Professor, Kaiserlicher Regierungsrat und Mitglied des Kaiserlichen Statistischen Amtes, Charlottenburg, Königin-Luise-Str. 17, Amt Charlottenburg 3135. *(Täglich von 4-5 in der Privatwohnung.)* 22

39. Dr. Rohrbach, Berlin-Friedenau (Ringbahnhof), Isoldestraße 10, Amt Wilmersdorf 664. *(3-4 in der Privatwohnung.)* 33, 58

Mit der Abhaltung von Vorlesungen beauftragt:

40. Baschin, Kustos am Geographischen Institut der Universität, Berlin W. 15, Pariser Str. 14a. *(Im Hochschulgebäude nach der Vorlesung, im Geographischen Institut nach Verabredung.)* 59

41. Dr. v. Erdberg, Berlin W. 50, Augsburger Str. 61 (Zentralstelle für Volkswohlfahrt), Amt VI, 2637. *(Im Hochschulgebäude nach der Vorlesung.)*

42. Dr. Gerstner, wissenschaftlicher Direktionsassistent der „Revision“, Treuhand-Aktien-Gesellschaft, Charlottenburg, Kantstr. 77, Amt Charl. 15142. *(Vor und nach der Vorlesung im Hochschulgebäude Zimmer 103.)* 11

43. Dr. J. F. Hoffmann, Professor am Institut für Gärungsgewerbe zu Berlin, Nieder-Schönhausen, Kaiser-Wilhelm-Straße 79. *(In der Hochschule nach der Vorlesung.)*

44. Dr. Schönitz, Charlottenburg, Rönnestr. 6. *(Nach der Vorlesung im Hochschulgebäude Zimmer 103).* 5

45. Dr. Tiessen, Friedenau, Friedrich-Wilhelm-Platz 6. *(Im Hochschulgebäude nach der Vorlesung.)* 57

46. Dr. Georg Wegener, Berlin W. 50, Prager Str. 36. *(Im Hochschulgebäude nach der Vorlesung.)*

47. Dr. Ziegel, Mathematiker bei der Versicherungs-Gesellschaft „Victoria zu Berlin“, Berlin W. 30, Goltzstr. 36. *(Im Hochschulgebäude nach den Vorlesungen.)* 14, 15

Mit der Abhaltung eines Praktikums beauftragt:

48. J. Hoffmann, Bureaudirektor der Korporation der Kaufmannschaft, Berlin C. 2, Neue Friedrichstr. 51 (Verkehrsbureau). *(Täglich 12-2.)* 43

Nummern der Vorlesungen.

V. Lehrer am Handelshochschul-Seminar für fremde Sprachen.

Englisch.

49. Brandenburg, Professor, Berlin W. 30, Landshuter Straße 22. *(Im Anschluss an die Übungen im Hochschulgebäude.)* 79, 82
50. Milton Hart, Steglitz, Südendstr. 4. *(Im Hochschulgebäude nach den Übungen; in der Potsdamer Str. 134b täglich ausser Sb 6½-10.)* 75-77, 80
51. Dr. Neuendorff, Oberlehrer, Charlottenburg, Bismarckstraße 13. *(Nach den Übungen.)*
Dr. Spies (s. Nr. 9). 78

Französisch.

52. Francillon, Lehrer am Orientalischen Seminar, Berlin W. 62, Bayreuther Str. 29. *(Im Anschluss an die Übungen im Hochschulgebäude Zimmer 103.)* 84
53. Maillet, Licencié-ès-lettres und Assistent der französischen Sprache am Kgl. Friedrich Wilhelms-Gymnasium, Wilmersdorf, Pfalzburger Str. 33a. *(Im Anschluss an die Übungen.)* 85, 90
54. Puy-Fourcat, Officier de l'Instruction publique, Lehrer an der Kgl. Militärtechnischen Akademie, Berlin W. 35, Potsdamer Str. 113a. *(Im Anschluss an die Übungen.)* 87, 88
55. Dr. K. Schmidt, Professor, Berlin SW. 47, Yorkstr. 68. *(Im Anschluss an die Übungen.)* 89

Russisch.

56. Dr. Boehme, Berlin SW. 11, Tempelhofer Ufer 36. *(Nach den Übungen.)* 92, 93
Dr. Palme (s. Nr. 36).

Spanisch.

57. Dr. de Mugica, Lehrer am Orientalischen Seminar, Berlin NW. 52, Wilsnacker Str. 3. *(Vor und nach den Übungen.)* 95, 96
58. de Palacios, Konsul a. D., Steglitz, Mariendorfer Str. 57. *(Nach den Übungen.)* 94

Nummern der Vorlesungen.

Italienisch.

59. Dr. Stoppani, Berlin W. 10, Dörnbergstr. 5. *(Nach den Übungen.)* 97, 98

Deutsche Sprachkurse für Ausländer:

60. Dr. Paszkowski, Professor, Leiter der Akademischen Auskunftsstelle an der Universität und Lektor der deutschen Sprache daselbst, Groß-Lichterfelde-West, Elisabethstr. 32. *(Mo, Do 11-12 in der Universität.)* 99

VI. Lehrer für Stenographie.

61. Coprian, Heinrich, Lehrer, Berlin N. 58, Am Falkplatz 3 (System Stolze-Schrey). *(Vor den Übungen.)* 111

B.

Institute und Seminare.

1. Physikalisches Institut.

(I. Stock links.)

Direktor: Professor Dr. Martens (s. A. Nr. 5).
Assistenten: Dr. Rosenthal, Berlin W. 30, Stübbenstr. 3.
Heckscher, Berlin W. 50, Augsburger Str. 43.
Mechaniker: Saß, Berlin N. 31, Brunnenstr. 41.
Horch, Lichtenberg, Frankfurter Chaussee 154.

2. Chemisches Institut.

(II. Stock links.)

Direktor: Professor Dr. Binz (s. A. Nr. 1).
Institutsassistent: Diplom-Ingenieur Dr. K. R. Lange, Berlin NW. 7, Dorotheenstr. 71. (Amt I, 2767.)
Privatassistent: Mandowsky, Berlin W. 15, Bleibtreustr. 33.
Institutsdiener: Hobohm. Wohnung: Zimmer 323.

3. Handelswissenschaftliches Seminar.

(Erdgeschoß rechts, Zimmer 3 und 4.)

Direktoren: Professor Dr. Schär (s. A. Nr. 7),
Professor Leitner (s. A. Nr. 4).
Maschinenschreiberin: Frl. Ziese, Friedenau, Handjerystr. 29.

4. Volkswirtschaftlich-juristisches Seminar.

(I. Stock links, Zimmer 105.)

Direktoren: Professor Dr. Sombart (s. A. Nr. 8),
Professor Dr. Eltzbacher (s. A. Nr. 2).

5. Geographisches Seminar.

(I. Stock rechts, Zimmer 126.)

Direktor: zur Zeit nicht vorhanden.

6. Seminar für Handelslehrer.

(I. Stock rechts, Zimmer 124.)

Leitung: Landesgewerberat Dr. Kühne (s. A. Nr. 26).

7. Handelshochschulseminar für fremde Sprachen.

(I. Stock links, Zimmer 107.)

Direktor: Dr. Spies (s. A. Nr. 9).

8. Astronomisch-geographische Übungsstation.

(Heiligegeiststr. 1, Eckeingang.)

Leitung: Professor Dr. Marcuse (s. A. Nr. 30).
Privatassistent: Ingenieur W. Lindt, Charlottenburg, Eosanderstr. 9.

C.

VERZEICHNIS

der Vorlesungen und Übungen

die im

Sommer-Semester 1911

an der

Handelshochschule Berlin

gehalten werden.

I. Allgemeine Einführung in die Studien.

Dozent:

(1.) Einführung in das akademische Studium, insbesondere an der Handelshochschule — *Do 9-10 Vorm.* . . . . Jastrow

1. Allgemeiner Überblick. — Die wichtigsten Ratschläge für erfolgreiche Benutzung des ersten Semesters. — 2. Einführung in das Studium der wirtschaftlich-juristischen Fächer, einschließlich der Handelswissenschaften. — Historisch-geographische Fächer. — Einiges über die Naturwissenschaften und ihre Stellung im Studienplan. — Sprachstudien und Sprechübungen (fremde Sprachen; Beherrschung der Muttersprache, namentlich im rednerischen Gebrauch). — Allgemeine Bildung und Fertigkeiten. — 3 Verteilung des Unterrichtsstoffes auf vier Semester. Studienpläne. Verwendung der Ferien. — 4. Spätere Fortbildung nach Verlassen der Handelshochschule. Kenntnis der Hilfsmittel für selbständige Fortbildung.

II. Handelswissenschaften.

Betriebslehre des Handels und einzelner Handelszweige, Handelsjournalistik.

(2.) Handelsbetriebslehre: Der neuzeitliche Zahlungsverkehr — *Mi, Fr 11-12* . . . . Schär

1. Geld als Zahlungsmittel. — 2 Die surrogativen Zahlungsmittel: Banknote, Papiergeld, Wechsel. — 3. Zahlung durch Vermittelung Dritter auf Grund von Gelddepots in gemeinsamen Kassen: Scheck, Auszahlung, Giro. — 4. Lokaler, nationaler und internationaler Zahlungsausgleich durch Verrechnung. — 5. Kombinierte Zahlungssysteme. — 6. Zahlungsbilanz und Wechselkurse.

Der Auditorienzettel erscheint vor Beginn des Semesters.

Dozent:

(3.) Allgemeine Handelsbetriebslehre: Wirtschaftslehre des Handels — *Mo 9-11* . . . . Leitner

Systematik. I Betriebsmittel: Kapital und Vermögen, Kapitalbildung, -Konsumtion, -bedarf. Umsatz. Finanzierung der Unternehmung. Der Kredit, seine Organisation und seine Formen. Individueller, kollektiver und gesetzlicher Kreditschutz, Auskunftswesen, Kreditquellen. Zahlungsmittel und Zahlungsmethoden. Die Gegenstände des Handels, reale und ideelle Waren.

II Formen der Unternehmung: Die Formen des Gesellschaftshandels, ihre charakteristischen Merkmale in wirtschaftlicher und rechtlicher Beziehung, Personen- und Kapitalvereinigungen.

III. Die Wirtschaftsführung: Der Handel als volkswirtschaftlicher Organismus, Grundlinien seiner Entwickelung, seiner Formen. Erwerbswirtschaften und ihre Ziele. Die Konkurrenz, das Risiko, die Spekulation. Mittel und Psychologie der Reklame. Organisation des Vertriebes, Einkaufs- und Verkaufsgemeinschaften. Der Kauf und seine handelstechnische Gestaltung. Grundzüge der Zoll- und Verkehrstechnik, Zoll- und Frachttarife, Nachrichtendienst, Lagerhauswesen

(4.) Spezielle Handelsbetriebslehre: Die Technik des Bank- und Börsenhandels — *Di 11-1, Do 11-12* Leitner

Organisation des Kreditverkehrs. Die Banken, ihre Aufgaben und Geschäfte Aktive und passive Kredit- und Darlehnsgeschäfte; die Zahlungsvermittelung; Depot- und Depositengeschäft usw.

Die rechnerischen Grundlagen des Bankverkehrs.

Die Gegenstände des Effektenbörsenhandels Die Wertpapiere, ihre Fundierung und Emission. Börsenpreis, Kursfeststellung. Börsengeschäfte in Effekten und ihre Erfüllung. Kassa-, Zeit-, Prämiengeschäfte. Skontrierung. Technik der Reportierung.

Banken und Börse. Börsenkunden. Effektengeschäfte der Banken. Geldverkehr an der Börse.

(5.) Der Kredit und seine Organisation (unter technisch-privatökonomischer Betrachtung) — *Do, Sb 8-9 Vorm* . . . . Schönitz

Einleitung: Die Abgrenzung der privatökonomischen von der nationalökonomischen Betrachtung wirtschaftlicher Probleme, im besonderen des Kreditwesens.

1. Begriff und Wesen des Kredits. Die Arten des Kredits.
2. Die einzelnen Kreditgeschäfte und ihre technische Abwickelung. (Die Aktiv- und Passivgeschäfte der Banken; Liquidität; Zinspolitik.) Eingehende Darstellung der Kreditbedingungen und der Organisation mehrerer Großbanken, Provinzialbanken, Bankiers und zahlreicher Genossenschaften auf Grund von Enquêten.
3. Die verschiedenen Arten des Kreditbedürfnisses der Privatwirtschaften und die Befriedigung durch die mannigfachen Organisationen der Kreditvermittelung. (Das Kreditbedürfnis der einzelnen landwirtschaftlichen, groß-

(A) vor Übungen = „Aufnahme vorher bei dem Dozenten nachzusuchen".

Dozent:

industriellen, kleingewerblichen und kaufmännischen Unternehmung und die Art der Befriedigung. Die verschiedenen Kreditbedingungen von dem betr. privatökonomischen Standpunkte aus kritisch betrachtet.)

(6.) Die private Kapitalsanlage und Vermögensverwaltung — *Di 6-7* . . . . Meißner

a) Die private Kapitalsanlage.

Allgemeine Gesichtspunkte. Die verschiedene Form der Kapitalsanlage. Sicherheit und Einträglichkeit. Depositen, Sparkassen, Genossenschaften, Hypotheken, Baugelder. Die Wertpapiere. Die Börse, die Börsengeschäfte, der Kurszettel. Arten der Wertpapiere, Inhaber-Namenspapiere, marktgängige, nicht notierte, festverzinsliche Dividendenpapiere. In- und ausländische Staatsanleihen, Kommunalanleihen. Der in- und ausländische Staatskredit, seine Sicherstellung, Verzinsung, Konversion und Amortisation. Die Lose-Papiere. Eisenbahnanleihen. Hypotheken- und landschaftliche Pfandbriefe. Industrielle Schuldverschreibungen. Dividendenpapiere. Banken- und Eisenbahnwerte, Industrie-Aktien.

b) Die Vermögensverwaltung und Buchführung.

(7.) Handelsjournalistik: Die wirtschaftliche Berichterstattung — *Mo 6-7* . . . . Norden

Die Kunst der Schriftstellerei (äußere und innere Erfordernisse; die Regeln eines guten Stils; Typographisch-technisches). Das Redigieren (Bearbeitung von Telegrammen und sonstigen Manuskripten mit Übungen). Erstattung von Referaten über Börsen, Generalversammlungen usw. mit Übungen. Berichte kaufmännisch. Korporationen, Marktberichte der Kaufleute (sachliche u. stilistische Erfordernisse). Die Pflichtberichterstattung der Aktiengesellschaften. (Ausarbeitung von Geschäftsberichten seitens der Verwaltungen, Wiedergabe in der Presse. Die Bilanzen der Effektenbanken, Notenbanken, Hypothekenbanken, Versicherungsgesellschaften, Eisenbahnen und Industrieunternehmungen im Lichte der Öffentlichkeit.) Ethik und Polemik.

Einzelne Handelszweige.

Buchhandel (8.) Der Vertrieb der Bücher — *Do 9-10 Abends* . Paschke

Die geschichtliche Entwickelung des Büchervertriebes in Deutschland bis zur Einführung des Konditionssystems. — Die wirtschaftlichen Grundlagen des Konditionssystems und sein Einfluß auf die Verbreitung der Literatur. — Die Vertriebsmaßnahmen des Verlegers, des Sortimenters, des Antiquars. — Leihbibliothek und Journallesezirkel. — Die Barsorsimente. — Der Büchervertrieb durch den Kolportage- und Reisebuchhandel.

Bank- und Börsenhandel *vgl. die einzelnen Abschnitte dieser Abteilung, sowie Abt. III*

Exportgeschäfte *siehe unter „Handelswissenschaftliches Seminar“.*

Der Auditorienzettel erscheint vor Beginn des Semesters.

Dozent:

Andere Geschäftszweige.

Ferner finden sich Vorlesungen über Gegenstände einzelner Handels- und Industriezweige in anderen Abteilungen, so über Kolonialhandel und Versicherungsgeschäft in Abt. III, über Eisenbahnen und andere mit dem Speditionsgewerbe zusammenhängende Gegenstände in Abt. III und IV, über Metall- und Elektrizitätsgewerbe, Warenkunde usw. in Abt. VI, über Kunstgewerbe in Abt. IX.

Über die zu Ende des Winter- und zu Anfang des Sommersemesters in der Aula der Handelshochschule stattfindenden »Gewerblichen Einzelvorträge« von Vertretern der Praxis aus Handel und Industrie wird ein besonderer Prospekt ausgegeben.

Buchhaltung.

(9.) Das Ganze der systematischen Buchhaltung — *Di, Do, Fr 10-11* . . . . Schär

Theoretischer Teil: Geschichte und Theorie der Buchhaltung. Zweck, Mittel und Methoden der systematischen Buchhaltung. Ableitung der Kontensysteme. Eingangsbilanz, Geschäftsgang und Schlußbilanz; Kontrolle.

Praktischer Teil: Ableitung und kritische Vergleichung der in der Praxis vorkommenden Formen der doppelten Buchhaltung (amerikanische, italienische, deutsche, französische Form und ihre Kombinationen). Die Organisation der Buchhaltung, insbesondere Anpassung der Buchhaltung an die verschiedenen kaufmännischen und industriellen Betriebe und die gesellschaftlichen Unternehmungsformen. Gründungs-, Fusions- und Liquidationsbilanzen; Zwischenbilanzen und Filialbuchhaltung. Kalkulatorische Buchhaltung. Rechts- und Streitfragen aus dem Gebiete der Buchhaltung usw.

(10.) Buchhaltung und Bilanzkunde für Verwaltungsbeamte, Juristen usw. — *Mo 6-7½* . . . . Leitner

Die Rechnungsführung von Aufwands- und Erwerbswirtschaften im allgemeinen. Die kaufmännische Buchhaltung. Verrechnung der Bestände; Inventar. Konten. Das System der doppelten Buchhaltung. Kontenabschluß. Wichtige Konten kommerzieller Betriebe. Gründungs und Schlußbilanzen. Ausgewählte Kapitel aus der Bilanzkunde.

(11.) Einführung in die Buchhaltung (Vorbereitungskursus) — *Fr, Sb 8-9 Vorm.* . . . . . . Gerstner

Wesen und Grundbegriffe der Buchhaltung und ihre Beziehungen zu Wirtschaft und Recht. Die Handelsbücher. Die Konten. Die Technik des Buchens. Die Vermögensrechnung, die Erfolgrechnung und ihre Verbuchung. Die Anwendung der Grundsätze ordnungsmäßiger Buchführung nach den verschiedenen Buchhaltungsmethoden, veranschaulicht an kurzen, typischen Geschäftsgängen mit jeweiligem Abschluß. Inventarisierung und die Technik der Bilanzierung. Übungen.

(A) vor Übungen = „Aufnahme vorher bei dem Dozenten nachzusuchen"

Dozent:

(12.) ([A]) Buchhaltungsseminar — *Do 8-10 Vorm.* . . . Leitner

Besprechung und Verbuchung schwieriger Fälle der Buchhaltung verschiedener Geschäftszweige. Kurze Referate über einzelne Fragen der Organisation des Rechnungswesens (z. B. Kontrolle, Zuverlässigkeit, Kalkulationsbuchhaltung, Kritik der Formen und der Kontentheorien; Kontenwahl in gegebenen Fällen u a.).

Voraussetzung der Aufnahme ist, daß die grundlegende Vorlesung — Theorie und Technik der Buchhaltung oder das Ganze der systematischen Buchhaltung — bereits gehört ist.

Kaufmännische Arithmetik usw.

(13.) Kaufmännische und industrielle Kalkulation — *Di, Do 11-12*. . . . . Schär

Elemente und Methoden der Kalkulation. Kritische Untersuchung von Kalkulationen aus kaufmännischen und industriellen Betrieben. Kaufmännische Kalkulationen. Industrielle Kalkulationen. Kalkulatorische Bearbeitung der Bilanzen usw.

(14.) Zinseszins- und Rentenrechnung (Politische Arithmetik) — *Do 7-8* . . . . Ziegel

Zinseszins-, Diskontierungs- und Rentenfaktoren. Lösung der hauptsächlichsten Aufgaben an der Hand von Tabellen. Aufstellung von Tilgungsplänen für Hypothekar-Darlehen mit gleichbleibenden und steigenden Annuitäten. Tilgung von Obligationen mit und ohne Agio. Berechnung von Anleihekursen, Rentabilitätswerten und Kursparitäten.

(15.) Die mathematischen Grundlagen der Rechnungen im Bankgeschäft — *Mi 7-8* . . . . Ziegel

Herleitung der Zinsen- u der Zinseszinsformel. Mathematischer und kaufmännischer Diskont. Berechnung von Zeitrenten (Annuitäten). Tilgungsgleichung der Anleihen. Bestimmung von Kurswerten.

Seminar.

(16.) ([A]) Handelswissenschaftliches Seminar für Vorgerückte — *Mi 9-11* . . . . Schär

Übungen, Vorträge, Disputationen, Repetitorien aus dem gesamten Gebiete der allgemeinen und praktischen Handelsbetriebslehre; Besprechung einschlägiger Zeit- und Streitfragen, sowie der neuen Literatur. Laufende Erhebungen über einzelne Erscheinungen aus dem Waren- und Kapitalmarkt usw.

(17.) ([A]) Handelswissenschaftliches Seminar für Vorgerückte — *Di 8-10 Vorm.* . . . . Leitner

Vorträge und Diskussionen über Themen aus dem Gebiete der Handelswissenschaften.

(18.) Kolloquium über die Organisation und Technik der Exportgeschäfte und das Verhältnis des Exporthandels zur Industrie — *Do 6-7* . . Hecht

*Der **Auditorienzettel** erscheint vor Beginn des Semesters.*

Dozent:

III. Volkswirtschaftslehre und verwandte Fächer.

Vgl. auch Abt. IV. — Wirtschaftsgeschichte vgl. auch Abt. V und IX.

(19.) Allgemeine Nationalökonomie — *Mi, Do 12-2* . Sombart

I. Elemente des Wirtschaftslebens überhaupt: Wirtschaft; Produktion; Verteilung; Konsumtion; Ordnung des Wirtschaftslebens.

II. Das System der heutigen Verkehrswirtschaft: Der Markt und seine Erscheinungen (Geldwesen — Kreditwesen — Preisbildung). — Die Unternehmung. — Der Rythmus der modernen Verkehrswirtschaft (Lehre von der Konjunktur, von Hausse- und Baisseperioden, von Krisen usw.). — Der Verteilungsprozeß (Lehre vom Arbeitslohn, von Kapitalzins, Unternehmergewinn, Grundrente usw.).

(20.) Praktische Nationalökonomie — *Di, Fr 8-10 Vorm.* Jastrow

Historische Entwickelung der Volkswirtschaftspolitik vom Mittelalter bis zur Gegenwart. — 1. Innere Volkswirtschaftspolitik. a) Agrarpolitik; Beseitigung von Entwickelungshindernissen; positive Aufgaben (Besitzverteilung, Betriebsverbesserungen, Versicherung, Kredit, Genossenschaften usw.). — b) Gewerbepolitik: Gewerbefreiheit und Gewerbebeschränkungen; Gewerbeförderung; gewerbliche Arbeiterfrage und Arbeiterschutz. — c) Handelspolitik: Handelsfreiheit und Handelsbeschränkungen; Handelsförderung (Märkte, Messen, Börsen, Handelsgerichte, Handelsschulen, Handelsvertretungen usw.). — 2. Äußere Volkswirtschaftspolitik. („Handelspolitik"): a) Allgemeiner Überblick. — b) Insbesondere Maßregeln zur Beeinflussung der Warenzüge: Einfuhrzölle (Zolltarif, Zollgesetz, Handelsverträge, Zollerleichterungen); Exportprämien.

(21.) Die Grundzüge der modernen Gesellschaft — *Di 8-9 Abends* . . . . Sombart

I. Die Entwickelung der modernen Technik. II. Die Bevölkerung. 1. Die Zunahme der Bevölkerung. 2. Die örtliche Umschichtung der Bevölkerung. 3 Ursprung und Wesen der modernen Stadt. III. Die Gliederung der Bevölkerung nach Beruf und Besitz. IV. Die sozialen Klassen. 1. Begriff und Wesen der sozialen Klasse. 2. Die einzelnen sozialen Klassen.

(22.) Berufs- und Betriebsstatistik — *Fr 7-8* . . . Rahts

Übersicht der gangbaren Methoden für eine Erhebung der Berufe und der Betriebe. — Besprechung der Art der neuesten deutschen Berufs- und Betriebszählung. — Ergebnisse dieser Zählung. — Vergleich der letzten Zählung mit den beiden vorhergegangenen. — Folgerungen auf die Entwickelung der gewerblichen Fähigkeit in Deutschland während der letzten 25 Jahre.

(23.) Bankpolitik — *Mi 8-9 Vorm.* . . . . Bendix

1. Begriff und Wesen der Bankpolitik. 2. Die Bankpolitik in der Gesetzgebung. 3. Die Handhabung der Bankpolitik seitens der Notenbanken: a) die Diskontpolitik, b) die „kleinen Mittel" der Bankpolitik, c) die Goldpolitik, d) die bankpolitischen Grundsätze im übrigen Geschäftsverkehr. 4. Bankpolitik der Großbanken. 5. Internationale Bankpolitik.

(A) vor Übungen = „Aufnahme vorher bei dem Dozenten nachzusuchen"

Dozent:

(24.) Die Entwickelung des Geld- und Kreditverkehrs in Deutschland von der Mitte des 19 Jahrhunderts bis zur Gegenwart — *Do 8-9 Abends* Bendix

Gestaltung des Geld- und Kreditverkehrs in den verschiedenen wirtschaftlichen Perioden. — Die einzelnen Geschäftszweige der Banken in ihrem Einfluß auf den Geld- und Kreditverkehr (Emissions-, Spekulations- und „reguläres" Bankgeschäft). — Entstehung der Aktienbanken in Deutschland. — Die Kapitalkonzentration im Bankwesen und die Stellung der Großbanken im Geld- und Kreditverkehr.

(25.) ([A]) Übungen — *Di 5-7* (14tägig) . . . . . Bendix

I. Abteilung für Anfänger.

Kolloquium über die Grundlagen des Geld- und Kreditverkehrs.

II. Abteilung für Vorgeschrittene.

Übungen in der Abfassung schriftlicher Referate, insbesondere über Geld-, Kredit-, Bank- und Börsenfragen.

(26.) Russische Agrarpolitik — *Mo 7-8* . . . . . . Palme

Vorbegriffe zur russischen Agrarpolitik. Leibeigenschaft und Ablösungsgesetzgebung. Die Rechtsformen landwirtschaftlichen Betriebes und Besitzes und die russische Reformgesetzgebung der Gegenwart. Der private Grundbesitz und die Verstaatlichungsfrage. Güterverkehr, innere Kolonisation (Sibirien, Zentralasien). Verschuldung und Kredit, Adels- und Bauernagrarbank. Versicherung. Landwirtschaftliches Unterrichtswesen. Landwirtschaftliches Vereins- und Genossenschaftswesen. Die allgemeine russische Wirtschaftspolitik und die Landwirtschaft.

(27.) ([A]) Übungen aus den Arbeitsgebieten der Interessenvertretungen von Handel und Industrie — *Mi 6-8* . . . . Kriele

Einleitende Vorlesung über: Die geistige Arbeit mit sprachlichem Ausdruck. — Seminaristische Übungen zur gutachtlichen und verwaltenden Tätigkeit der Interessenvertretungen. Feststellung der verschienenen Interessen und ihrer relativen Bedeutung bei Gesetzen und deren Ausführungsmaßnahmen; Darstellung und Geltendmachung von gefährdeten Interessen.

(28.) ([A]) Übungen im Volkswirtschaftlichen Seminar — *Mi 4-6* . . . . Sombart

([A]) Volkswirtschaftliche Übungen. . . . . . Jastrow

(29.) a) Übungen im Volkswirtschaftlichen Seminar, im Anschluß an die Vorlesung, Abteilung I — *Fr 3-5* (Beginn *3*^{30} präzise), 14 tägig.

(30.) b) Übungen im Volkswirtschaftlichen Seminar, im Anschluß an die Vorlesung, Abteilung II — *Fr 3-5* (Beginn *3*^{30} präzise), 14 tägig.

(31.) c) Kolloquium über wirtschaftliche Tagesfragen, in noch zu bestimmenden Stunden.

Neuanmeldungen finden nur zu a) statt.

Der Auditorienzettel erscheint vor Beginn des Semesters.

Dozent:

Kolonialwesen.

(Buchhaltung usw. für Kolonialbeamte s. Abt. II. — Ortsbestimmung in Kolonien s. Abt. V.)

(32.) Koloniale Probleme der Gegenwart — *Fr 10-11* Köbner

Die Organisation des Kapitals in den Kolonien: Einzelunternehmungen und Kapitalsassoziationen. Wirtschaftliche Aufgaben und rechtliche Formen der Kolonialgesellschaften. Die Einteilung des Aktienkapitals. — Die Eingeborenen- und Arbeiterfrage in den Kolonien. Grundsätzliche Probleme. Die Eingeborenenpolitik der Spanier und Portugiesen, der Engländer und Franzosen, der Holländer und Belgier. Die Eingeborenenfrage in den deutschen Schutzgebieten. — Das koloniale Bodenproblem: Grundfragen der kolonialen Landpolitik. Die Bodenpolitik der Engländer, Franzosen, Holländer und Belgier. Die Landfrage in den deutschen Schutzgebieten. — Koloniale Verkehrs- und Handelspolitik: Technisches Verkehrswesen, insbesondere Eisenbahnwesen. Koloniales Münz- und Bankwesen Koloniale Handels- und Zollpolitik. — Koloniales Finanzwesen: Reichszuschüsse und eigene Einnahmen der Kolonien. Steuerpolitik. Arten der kolonialen Ausgaben. Vergleiche mit den englischen, französischen und holländischen Kolonialetats. — Probleme der kolonialen Selbstverwaltung. Englisches, französisches, holländisches System. Die Entwickelung der Selbstverwaltung in den deutschen Kolonien.

(33.) Koloniale Wirtschaftsgeschichte von der Entdeckung Amerikas bis auf die Gegenwart — *Di 8-9 Abends* . . . . Rohrbach

Eroberung und ökonomische Nutzung Mittel- und Südamerikas durch die Spanier und Portugiesen. Die Engländer und Franzosen in Nordamerika bis zum Ende des Siebenjährigen Krieges. Der Unabhängigkeitskrieg der amerikanischen Kolonien gegen England; seine wirtschaftlichen und seine politischen Gründe. Die Auffindung Ostindiens auf dem Seewege und die Handelssysteme der Portugiesen, Niederländer und Engländer; die niederländische und die britische ostindische Kompagnie. Die heutigen Verhältnisse Ostindiens. Die kolonialwirtschaftliche Nutzung Afrikas bis in die zweite Hälfte des neunzehnten Jahrhunderts. Stanley, die Gründung des Kongostaats und die Aufteilung Afrikas. Das neue afrikanische Kolonialsystem; Eisenbahnbauten und Rohstoffproduktion. Kolonialwirtschaftlicher Ausblick in die Zukunft.

— Wirtschaftsgeographie von Afrika mit besonderer Berücksichtigung der deutschen Kolonien und der Eingeborenenfrage — *Di 7-8* (Inhaltsangabe siehe Seite 23) . . . .

(A) vor Übungen = „Aufnahme vorher bei dem Dozenten nachzusuchen".

Dozent:

(34.) Allgemeine Völkerkunde, insbesondere der Kolonialgebiete (mit Lichtbildern) — *Mo 8-9 Abends* v. Luschan

Ziele und Wege der Völkerkunde. Statistik. Wohnstätten, Ernährung, Kenntnis und Herstellung des Feuers. Schmuck, Haartracht, künstliche Verunstaltungen des menschlichen Körpers, Kleidung, Waffen, Jagd, Fischfang, Viehzucht und Ackerbau. Genußmittel. Spielzeug, Spiele, Sport. Musik. Handel, Geldsurrogate; Maße und Gewichte. Keramik, Flechten, Weben, Rindenzeug. Schnitzerei. Bootbau. Metalltechnik. Herkunft der Eisentechnik. Politische Verhältnisse. Rechtspflege, soziale Verhältnisse. Ehe, Stellung der Frau, Geburt und Tod. Religion, Kultus, Mythologie, Totemismus. Bedeutung des Islâm für die afrikanischen Schutzgebiete. Medizin. Zeitrechnung, Astronomie, Geschichte, Zahlen und Rechnen. Schrift und Sprache.

Versicherungslehre.

(35.) Allgemeine Versicherungslehre — *Do 7-9* . . . v. Liebig

Die Entstehung und Entwickelung des Versicherungsgedankens. — Die wirtschaftliche Bedeutung der Versicherung. — Die verschiedenen Versicherungssysteme. — Die Versicherungstechnik. — Die Versicherungsstatistik. — Die Versicherungsverbände. — Die Rückversicherung.

(36.) Die wichtigsten Versicherungszweige — *Mo 11-1* Manes

Lebensversicherung; Volksversicherung; Unfallversicherung; Haftpflichtversicherung; Feuerversicherung; Transportversicherung; kleinere Versicherungszweige. Ihre Entwickelung, ihre wirtschaftlichen, rechtlichen und technischen Grundlagen.

(37.) Recht des Versicherungsvertrages — *Mo 7-8* . Hager

Allgemeines. — Übersicht über das Reichsgesetz über den Versicherungsvertrag vom 30. Mai 1908. — Die Arten der Versicherungsverträge. — Grundbegriffe — Der Abschluß des Vertrages. — Die Prämie. — Anzeigepflicht und Gefahrerhöhung. — Der Versicherungsfall.

(38.) Sozialversicherung, unter Berücksichtigung der Pensionsversicherung der Privatangestellten — *Mo 8-9 Abends* . . . . Hager

Allgemeines über die öffentliche Kranken-, Unfall- und Invalidenversicherung. — Der Kreis der versicherten Personen; die Träger der Versicherung; die Aufbringung der Mittel; die Versicherungsleistungen. — Die Weiterentwickelung der sozialen Versicherung (Witwen- und Waisenversicherung, Arbeitslosenversicherung; die Pensions- und Hinterbliebenenversicherung der Privatangestellten). — Die Reform bezw. Zusammenlegung der einzelnen Versicherungszweige.

Der Auditorienzettel erscheint vor Beginn des Semesters.

Dozent:

(39.) Versicherungspraktikum mit besonderer Berücksichtigung der Lebens- und der privaten Unfall- und Haftpflichtversicherung — *Fr 7-9* (14 tägig, beginnend am 28. April) . . . . v. Liebig

Besprechung der allgemeinen Versicherungsbedingungen. — Aufnahme von Versicherungsanträgen. — Beurteilung der Risiken. — Schadenregulierung. — Besprechung von Bilanzen.

(40.) Versicherungspraktikum — *Mi 8-9 Abends* . . Manes

Wichtige Probleme der Versicherungspraxis und der Versicherungspolitik. — Neue Zweige der Privatversicherung. — Der Entwurf der Reichsversicherungsordnung und andere Gesetzesprojekte.

Genossenschaftslehre.

(41.) Aus der Praxis der Genossenschaft — *Di 6-7* . Crüger

Organisationsfragen der wichtigsten Genossenschaftsarten werden behandelt werden

(42.) (A) Übungen im Genossenschaftswesen — *Di 4-6* (14 tägig, nur für Studierende der Handelshochschule, die schon vorher eine Vorlesung über Genossenschaftswesen gehört haben) . . . Crüger

Verkehrspraktikum.

Vorträge mit ziffermäßigen Erläuterungen und praktischen Übungen.

(43.) Eisenbahn-Verkehrs- und Tarifwesen — *Mi 8-9 Abends* . . . . J. Hoffmann

Geschichtlicher Rückblick auf die Entstehung der deutschen Eisenbahnen. (Privatbahnen, Staatsbahnen, Reichsbahnen.) Die Betriebsmittel der Eisenbahnen (Staatsbahn-Wagenverband pp.). Organisation der deutschen Eisenbahnverwaltungen. — Das deutsche Eisenbahn-Gütertarifsystem, seine Entstehung und Fortbildung bis in die neueste Zeit (formelle Einheit). — Ständige Tarifkommission, Ausschuß der Verkehrsinteressenten. — Ziffermäßige Gestaltung der Gütertarife, regelrechte Kilometertarife, Stationstarife, Schnittarife, Staffeltarife (materielle Einheit). — Ausnahmetarife, Differentialtarife. — Landeseisenbahnrat, Bezirkseisenbahnräte. — Die wichtigeren Bestimmungen der Eisenbahnverkehrsordnung über die Beförderung von Gütern. Im Anschluß hieran die für den Eisenbahnverkehr in Betracht kommenden wichtigeren zoll- und steuergesetzlichen Bestimmungen, sowie der im Verwaltungswege hierzu erlassenen Vorschriften (Deklaration, Begleitschein I, Begleitschein II, Ladungsverzeichnis, Übergangsschein, An- und Abmeldung zu und von den Niederlagen, Zollbefreiungen, Zollerleichterungen usw.). — Eisenbahngeographie. Der deutsche Eisenbahngütertarif (Teil I). — Die deutschen allgemeinen Tarifvorschriften nebst Güterklassifikation. — Die deutschen Binnen- und Verbandstarife

(A) vor Übungen = „Aufnahme vorher bei dem Dozenten nachzusuchen".

Dozen

und ihre praktische Anwendung. — Frachtberechnung, Nebengebühren, Frachtzuschläge. — Frachturkundenstempel. — Internationales Übereinkommen über den Eisenbahnfrachtverkehr. — Direkte beziehungsweise Verbandsgütertarife für den Verkehr zwischen deutschen und ausländischen Stationen. — Kombinierte Eisenbahn-Schiffstarife usw.

IV. Rechtswissenschaft.

(Versicherungsrecht, Kolonialrecht, Genossenschaftsgesetzgebung s. Abt. III.)

(44.) Bürgerliches Recht — *Di, Fr 9-11* . . . . . Heilfron

1. Allgemeine Lehren: Natürliche und juristische Personen. Geschäftsfähigkeit. Vertragsschluß. Verjährung.

2. Recht der Schuldverhältnisse: Inhalt, Begründung, Erlöschen, Übertragung. Einzelne Schuldverhältnisse, insbesondere Kauf, Schenkung, Miete, Darlehn, Dienst- und Werkvertrag, Auftrag, Verwahrung, Bürgschaft. Haftung aus unerlaubten Handlungen.

3. Grundzüge des Sachen-, Familien- und Erbrechts: Grundbuchwesen (unter Benutzung der amtlichen Formulare), Ehegüterrecht, Rechtsverhältnis zwischen Eltern und Kindern, Vormundschaftswesen, Erbfolge, Erbenhaftung. Erbteilung, Testamentserrichtung.

(45.) Wechselrecht — *Di 7-8* . . . . Meyer

Geschichte des Wechsels. — Wechseltheorien. — Deutsche Wechselordnung. — Ausländische Wechselrechte, ihre Grundzüge und wesentlichen Abweichungen vom deutschen Recht. — Internationales Wechselrecht. — Weltwechselrecht. — Wirtschaftliche Bedeutung des Wechsels.

(46.) Handelsrecht — *Mi, Sb 9-11* . . . . Eltzbacher

1. Rechte und Pflichten der Kaufleute. Registerpflichten. — Pflicht zur Buchführung, Inventur und Bilanz. — Schutz der Firma. — Schutz der Warenzeichen. — Schutz gegen unlauteren Wettbewerb.

2. Der Kaufmann und seine Mitarbeiter. Rechtsstellung des Prokuristen, des Reisenden, des Verkäufers, des Buchhalters und der sonstigen Handlungsgehilfen. — Rechtsstellung des Handlungslehrlings. — Rechtsstellung des Agenten und des Maklers. — Rechtsstellung des Kommissionärs und des Spediteurs.

3. Die kaufmännischen Vereinigungen. Offene Handelsgesellschaft. — Kommanditgesellschaft. — Aktiengesellschaft. — Gesellschaft mit beschränkter Haftung. — Stille Gesellschaft.

4. Die Geschäfte des Kaufmanns. Kauf. — Frachtgeschäft. — Lagergeschäft. — Bank- und Börsengeschäfte.

Verbunden mit der Vorlesung ist die Besprechung von Rechtsfällen aus dem Geschäftsleben.

(47.) Post-, Telegraphen- und Telephonrecht — *Di 7-8* Eger

A) Allgemeiner Teil: 1. Begriff und Wesen der Reichsverkehrsanstalten. — 2. Verhältnis zum Reich. — 3. Organisation und Errichtung.

B) Spezieller Teil: 1. Betriebsrecht (Sicherung des Betriebs durch straf- und polizeirechtliche Bestimmungen). 2. Internes Transportrecht (Regelung des Verkehrs. Post-, Telegraphen- und Telephon-Transportvertrag). 3. Internationales Recht.

Dozent:

(48.) Bekämpfung des unlauteren Wettbewerbs — *Fr 6-7* Osterrieth

Der unlautere Wettbewerb und seine Bekämpfung. Grund und Wesen. Geschichte. Verstoß gegen die guten Sitten. Unlautere Reklame. Ausverkaufsschwindel. Üble Nachrede. Schmiergelderwesen. Schutz geschäftlicher Kennzeichnungen. Verrat von Geschäfts- und Betriebsgeheimnissen

(49.) Zivilprozeß — *Mi 7-8* . . . . Heilfron

1. Gerichtsverfassung.
   a) Ordentliche Gerichte: Organisation und Instanzenzug. Staatsanwaltschaft. Zustellungs- und Vollstreckungswesen. Rechtshilfe. Öffentlichkeit. Gerichtsferien.
   b) Kaufmanns- und Gewerbegerichte.
2. Zivilprozeßverfahren.
   a) Ordentliche Gerichte: Das Verfahren nach der Novelle vom 1. Juni 1909, insbesondere bei dem Amtsgericht.
   b) Das Verfahren bei den Kaufmanns- und Gewerbegerichten.
3. Anleitung zur Prozeßpraxis.
   a) Besuch der Prozeßabteilung des Dozenten.
   b) Durchführung eines Amtsgerichtsprozesses unter Zugrundelegung der amtlichen Formulare.

(50). Konkursrecht — *Sb 12-1* . . . . Eltzbacher

1. Was gehört zu der den Gläubigern haftenden Masse? — Inwieweit muß man die vor Ausbruch des Konkurses mit dem Gemeinschuldner geschlossenen Verträge erfüllen? — Inwieweit hat man Leistungen, die man vor Ausbruch des Konkurses vom Gemeinschuldner empfangen hat, zurückzugewähren? — Was für Gläubiger haben Anspruch auf Befriedigung aus der Masse?

2. Eröffnung des Verfahrens. — Verwaltung und Verwertung der Masse. — Feststellung der anteilsberechtigten Forderungen. — Verteilung der Masse unter die Gläubiger. — Zwangsvergleich. — Strafbarer Bankerott.

(51.) Verwaltungsrecht — *Mo 11-1* . . . . Preuß

Staat und Gesellschaft. — Das verfassungsmäßige Verwaltungsrecht. — Die Selbstverwaltung. — Das Amtsrecht. — Die Entwickelung der preußischen Verwaltungsorganisation. — Die heutige Organisation der preußischen Verwaltung. — Die Organisation der Reichsverwaltung. — Die Gebiete der Verwaltung. — Die innere Verwaltung und die Polizei. — Die Rechtskontrollen der Verwaltung und die Verwaltungsgerichtsbarkeit.

(52.) Völkerrecht — *Mo, Sb 10-11* . . . . Preuß

Das Problem des Völkerrechts. — Völkerrecht und Wirtschaftsleben. — Ihre Entwickelung. — Die Quellen des Völkerrechts. — Subjekte des Völkerrechts. — Die Staaten als Glieder der internationalen Gemeinschaft. — Der völkerrechtliche Staatenverkehr. — Seine Organe. — Die Rechtsgeschäfte des internationalen Staatenverkehrs. — Anfänge internationaler Organisation. — Die Staatenstreitigkeiten und das Völkerrecht. — Internationale Rechtsprechung. — Das Kriegsrecht.

(A) vor Übungen = „Aufnahme vorher bei dem Dozenten nachzusuchen".

Dozent:

(53.) Bürgerkunde — *Fr 8-9 Abends* . . . . . . Eltzbacher

Das öffentliche Leben in Staat und Gemeinde.

(54.) ([A]) Juristische Übungen für Vorgerückte — *Fr 5-7* . . . . Eltzbacher

Schriftliche Bearbeitung sowie Besprechung kaufmännischer Rechtsfälle aus dem bürgerlichen Recht, Handelsrecht, Zivilprozeß- und Konkursrecht.

(55.) ([A]) Juristisches Seminar — *Mi 4-6* . . . . . Eltzbacher

Anleitung zur wissenschaftlichen Behandlung von Fragen des Rechts und der Politik.

(56.) ([A]) Übungen im öffentlichen Recht und in Finanzwissenschaft — *Sb 11-1* . . . . . Preuß

V. Wirtschaftsgeographie und Wirtschaftsgeschichte.

(Kolonien: s. Abt. III. — Zur Wirtschaftsgeschichte überhaupt vgl. Abt. III u. IX.)

(57.) Die Vereinigten Staaten von Amerika — *Di, Fr 6-7* Tiessen

Einführung in die natürliche Geographie des Gebiets (Lage, Gebirgsbau, Bewässerung, Klima). Die Besiedlung des Landes: Urbewohner, Abriß der Geschichte seit Beginn der europäischen Einwanderung, neuste Entwickelung der Siedelungen. Die Naturprodukte und ihre Verwertung. Die Weltstellung der Vereinigten Staaten in Politik und Handel.

(58.) Wirtschaftsgeographie von Afrika mit besonderer Berücksichtigung der deutschen Kolonien und der Eingeborenenfrage — *Di 7-8* . . . . Rohrbach

Begrenzung Afrikas im kolonialwirtschaftlichen Sinne; Nordafrika ein Bestandteil der Mittelmeerländer. Sahara und Sudan. Nil, Tschad und Niger. Togo und Kamerun. Das Kongobecken Das Hochland von Angola. Sudafrika zwischen Kap und Sambesi; Deutsch-Südwestafrika. Die ostafrikanischen Hochländer; Deutsch-Ostafrika. Prinzipien der Eingeborenenpolitik; Siedelungskolonisation und Volkskultur. Die Rassenfrage.

— Koloniale Wirtschaftsgeschichte von der Entdeckung Amerikas bis auf die Gegenwart — *Di 8-9 Abends* (Inhaltsangabe siehe Seite 18) Rohrbach

(59) Geographie der drei Ozeane und ihrer Küsten — *Di, Do 5-6* . . . . Baschin

1. Das Weltmeer: Verteilung von Wasser und Land und deren Bedeutung für den Verkehr. Erforschungsgeschichte. Der Meeresboden. Das Meerwasser. Seekarten und Schiffahrt. Einteilung der Ozeane.

2. Der Atlantische Ozean und seine Küsten. Der Golfstrom und sein Einfluß auf das Klima der europäischen Küsten. Die nordatlantischen Welthäfen. Ostsee und Nordsee. Das Mittelländische Meer. Das amerikanische

Dozent:

Mittelmeer und der Golf von Mexiko. Die Passatwinde und ihr Wert für die Schiffahrt. Der südatlantische Ozean.

3. Der Indische Ozean und seine Küsten. Die Nebenmeere des nördlichen Indischen Ozeans. Die Monsunwinde und ihr Einfluß auf den Schiffsverkehr.

4. Der Pazifische Ozean und seine Küsten. Die Theorien seiner Entstehung. Die ostasiatischen Randmeere. Die Inselwelt. Die größten Meerestiefen.

(60.) Allgemeinverständliche Himmelskunde, unter besonderer Berücksichtigung ihrer Bedeutung für Geographie und Schiffahrt (mit Lichtbildern) — *Fr 7-8* . . . . Marcuse

Ideale und praktische Bedeutung der Astronomie. — Mutterwissenschaft der Schiffahrt. — Geschichte der Himmelskunde von 3000 v. Christi bis jetzt. — Statistik des Universums. — Sternwarten und Beobachtungsstationen. — Kräftewirkungen im Universum. — Der Fixsternhimmel. — Das Sonnensystem in seinen einzelnen Bestandteilen. — Die Entstehung der Welten.

(61.) Geographische Ortsbestimmung bei Land- und Seereisen sowie bei Luftfahrten, unter besonderer Berücksichtigung kolonialer Aufgaben — *Mo 7-8* Marcuse

Grundbegriffe der astronomischen Geographie, Nautik und Aeronautik. — Instrumente und rechnerische Hilfsmittel zur geographischen Ortsbestimmung am Lande, auf See und im Luftfahrzeug. — Methoden zur Ermittelung von Zeit, geographische Breite und Länge sowie des Azimuts auf Reisen. — Astronomisch-geographische Beobachtungen in den Kolonien.

(62.) (A) Übungen für geographische Ortsbestimmung und Vermessung auf der astronomischen Station der Handelshochschule, im Anschluß an die Vorlesung über Ortsbestimmung — *Mo 8-9 Abends* . . . . Marcuse

Handhabung der zeit- und winkelmessenden Instrumente. — Orts- und Zeitbestimmungen. — Vermessungen.

(63.) Deutsche Handelsgeschichte — *Di 8-9 Abends* Hoeniger

Die Anfänge des Handels auf deutschem Boden. Fremde Einflüsse. Erste Organisation eines deutschen Handelsstandes im Gildewesen. Aufsteigende Entwickelung seit der Epoche der Kreuzzüge. Die Hansa. Ungünstige Veränderungen seit dem Zeitalter der Entdeckungen. Wirtschaftlicher Niedergang im 16. und 17. Jahrhundert. Ansätze einer Besserung unter der Herrschaft des Merkantilismus. Einwirkungen der Revolutionsepoche auf das deutsche Wirtschaftsleben; innerpolitische Umgestaltungen und Kontinentalsperre. Der deutsche Zollverein und seine nationale Bedeutung. Verkehrsentwickelung bis zur Begründung des neuen Deutschen Reiches.

A) vor Übungen = „Aufnahme vorher bei dem Dozenten nachzusuchen"

Dozent:

VI. Reine und angewandte Naturwissenschaften, Warenkunde, Technologie.

(64.) Mechanische Technologie — *Sb 11-12* . . . . Martens

1. Die wichtigsten Metalle und Hölzer (Gewinnung, Preis, Verbrauch, Eigenschaften); 2. Formgebung in flüssigem Zustande (Gießereitechnik); 3. Formgebung in plastischem Zustande (Schmieden, Nieten, Walzen, Drücken, Ziehen); 4. Formgebung durch Sägen, Feilen, Drehen, Fräsen, Hobeln, Bohren; 5. Zusammenfügen von Oberflächen (Schweißen, Löten, Leimen); 6. Veränderungen der Oberfläche (Schleifen, Polieren, Anstreichen, Verbleien, Verzinnen, Vernickeln, Verzinken); 7. Kabelspinnerei; 8. Optische Schleiferei; 9. Technische Organisation einer Fabrik (Anordnung der einzelnen Werkstätten, Transportmittel, Kraftzentrale, Konstruktionsbureau, Direktion).

(65.) Physikalische Grundlagen der Elektrotechnik — *Di 1-2, Fr 12-2* . . . . Martens

1. Remanenter Magnetismus (Stahlmagnete, Erdfeld, Schiffskompaß). 2. Ruhende und bewegte Elektrizitätsmengen. 3. Durchgang der Elektrizität durch metallische Leiter (Widerstand von Metallen, elektrische Messungen, Wärme und Lichtwirkung des Stromes, Thermoelektrizität). 4. Durchgang der Elektrizität durch Elektrolyte (Metallüberzüge, Metallgewinnung, Galvanische Elemente, Akkumulatoren), 5. Magnetfeld eines Stromes. 6. Elektromagnetische Induktion. 7. Ferromagnetische Substanzen insbes. Eisen. 8. Dynamomaschinen (Generatoren und Motoren für Gleich-, Wechsel- und Drehstrom). 9. Elektrische Apparate (Klingel, Telephon und Mikrophon, Telegraphenapparate). 10. Eigenschaften des Wechselstromes (Transformation, Kraftübertragung). 11. Elektrische Schwingungskreise (Entladung von Kondensatoren, Blitz, Funken). 12. Elektrische Wellen (drahtlose Telegraphie und Telephonie, Hertzsche Sender, Natur des Lichtes). 13 Durchgang der Elektrizität durch Gase (Luftelektrizität, leitende Gase, verdünnte Gase, Röntgenstrahlen, Radium). 14. Übersicht über die wichtigsten optischen Erscheinungen.

(66.) Technische Ausflüge — *Mi 2-5* . . . . . . Martens

Geplant ist der Besuch: des Königl. Materialprüfungsamtes, einer Eisengießerei, einer Werkzeugmaschinenfabrik, eines Kabelwerkes, einer Verzinkungsanstalt, einer optischen Fabrik, einer großen Maschinenfabrik, eines Bergwerkes, einer Klavierfabrik, einer Glühlampenfabrik, einer Dynamomaschinenbauanstalt.

(67.) Kleines physikalisch-technisches Praktikum — *Do oder Sb 3-6* . . . . Martens

Dieselben Aufgaben wie im mittleren Praktikum; Verzeichnisse der Aufgaben sind im Sekretariat erhältlich.

(68.) Mittleres physikalisch-technisches Praktikum — *Do, Sb 3-6* . . . . Martens

Messungen aus allen Gebieten der angewandten Physik (Zweck: Einprägung der Erscheinungen und Gesetze, Er-

Dozent:

lernung der wichtigsten Maßbezeichnungen, Aneignung sicheren Rechnens); Übungen im Zeichnen einfacher Maschinenteile.

(69) ([A]) Großes physikalisches Praktikum — *täglich von 9-6* . . . . Martens

Anfertigung selbständiger wissenschaftlicher Arbeiten.

(70.) Organische Chemie — *Do 4-6* . . . . . . Binz

I. Körper mit offener Kohlenstoffkette. Gesättigte und ungesättigte Kohlenwasserstoffe, Erdöl und Acetylen. — Die Alkohole. — Begriff der Homologie und Isomerie. — Äther, Ester, Merkaptane — Aldehyde und Ketone. — Ameisensäure, Essigsäure und ihre Homologen. Chemie der Fette. — Blausäure. Kohlensäure. — Harnsäure, Koffeingruppe. — Weinsäure, Zitronensäure. — Zuckerarten, Stärke, Cellulose.

II. Körper mit geschlossener Kohlenstoffkette. Theorie des Benzolkernes. — Anilin und seine Derivate. — Die Azokörper. — Phenole und Chinone. — Aromatische Alkohole, Aldehyde und Säuren. — Die Gruppen des Fuchsins, Naphtalins, Anthrochinons und Indigos. — Pyridin und Chinolin. — Terpene und ätherische Öle.

(71.) Chemische Technologie und chemische Warenkunde anorganischer Stoffe. Daran anschließend Exkursionen (Zeit nach Vereinbarung) — *Mo 4-6* Binz

Die Industrie des Glases. — Keramik: Ziegel, Fayence, Steingut, Steinzeug, Porzellan. — Zement. — Ultramarin. — Industrie des Schwefels: Sizilianischer Rohschwefel und Pyrit. Die Schwefelsäureindustrie. — Technik der schwefligen und hydroschwefligen Säure. — Das Kochsalz. — Die Erfindung der Sodadarstellung durch Leblanc. — Salzsäure, Chlorkalk, Ätznatron. Kampf der Verfahren von Leblanc und von Solvay. — Elektrolytische Verfahren. — Die Pottasche; Gewinnung aus Holz, Rübenmelasse, Wollschweiß. — Die Staßfurter Kalisalze. Brom. — Die künstlichen Düngemittel. — Der Chilisalpeter; Versuche zu seiner Verdrängung: Salpetersäure aus Luft. Industrie der Kälteerzeugung. — Phosphor und Zündhölzer.

(72.) Gespinnstfasern, Färberei und Zeugdruck — *Fr 8-9 Abends* . . . . Binz

Industrie der tierischen Fasern: Seide und Seidenbeschwerung. Die Wollarten, Waschen und Walken der Wolle. — Industrie der pflanzlichen Fasern: Baumwolle, Veredelung durch Mercerisation, Leinen, Ramie, Hanf, Jute. Künstliche Seide. — Technik des Bleichens, Beizens, Färbens und Druckens. — Substantive, adjektive und Küpenfarbstoffe. Schwefelfarben Entwickelung von Farbstoffen auf der Faser.

(73.) ([A]) Dreistündiges chemisches Praktikum — *wahlweise Di oder Fr 3-6* . . . . Binz

Anfängerübungen. Qualitative und quantitative Analyse. Anorganische und organische Präparate und Synthesen. Experimentelle Einführung in technische Verfahren und technische Untersuchungsmethoden, je nach der chemischen Vorbildung und den speziellen Bedürfnissen der Teilnehmer.

(A) vor Übungen = „Aufnahme vorher bei dem Dozenten nachzusuchen".

Dozent:

(74.) (^{A}) Sechsstündiges chemisches Praktikum — *Di, Fr 3-6* . . . . Binz

Der Lehrstoff ist derselbe wie beim dreistündigen Praktikum und wird in der entsprechend geringeren Zahl von Semestern erledigt.

VII. Sprachen.

Der praktischen Erlernung des mündlichen und schriftlichen Gebrauchs fremder Sprachen, einschließlich der fremdsprachlichen Handelskorrespondenz, dient das »*Handelshochschul-Seminar für fremde Sprachen*«.

Für das Sommer-Semester 1911 werden im Spanischen *Unter-*, *Mittel-* und *Ober*kurse, im Italienischen und Russischen *Unter-* und *Mittel*kurse, im Englischen und Französischen *Mittel-* und *Ober*kurse eingerichtet. In den beiden letzten Fächern setzen die *Mittelkurse* die vorhandenen (nicht bloß einmal vorhanden gewesenen) Vorkenntnisse voraus, die auf deutschen Realanstalten bei der Versetzung nach Obersekunda verlangt werden, während die *Oberkurse* für Fortgeschrittene bestimmt sind.

Für solche Studierende, die bereits eine ausreichende Kenntnis der englischen oder der französischen Sprache besitzen und lediglich in Übung zu bleiben wünschen, werden besondere »*Einstündige Kurse für Fortgeschrittene*« eingerichtet. Eine notwendige Ergänzung zu dem unter steter Beziehung auf das moderne Kulturleben erteilten Sprachunterricht bilden die in Abschnitt IX u. a. verzeichneten *Vorlesungen* aus dem Gebiet des englischen, französischen und russischen Geistes- und Wirtschaftslebens.

Die Unterrichtssprache ist soweit als möglich die fremde Sprache. Im Interesse einer gründlichen Ausbildung des einzelnen ist die Zahl der Teilnehmer an den Kursen beschränkt und die Zulassung zu den Mittel- und Oberkursen von dem Bestehen einer mündlichen und schriftlichen Aufnahmeprüfung abhängig.

Anmeldungen für das Seminar sind sofort am Anfang des Semesters gemäß den am schwarzen Brett gegebenen Anweisungen zu machen. Meldungen nach dem 5. Mai haben keinen Anspruch auf Berücksichtigung.

Studierende, die Kurse in anderen europäischen Sprachen (portugiesisch, dänisch, schwedisch, holländisch usw.) zu nehmen oder eine Ausbildung in außereuropäischen Sprachen (japanisch, chinesisch, persisch, suaheli usw.) zu erlangen wünschen, werden ersucht, sich zu Beginn des Semesters an den Direktor des Handelshochschulseminars zu wenden. Bei ausreichender Beteiligung aus den Kreisen der Studierenden wird der gewünschte Kursus eingerichtet.

Die Kurse werden wie folgt abgehalten:

Englisch.

(75.) Mittelkursus I: Hart *Mo, Do 2-4.*
(76.) „ II: „ *Di, Fr 2-4.*
(77.) „ III: „ *Di, Fr 4-6.*
(78.) „ Dr. Neuendorff *Mo, Do 4-6.*
(79.) Oberkursus: Professor Brandenburg *Di, Fr 3-5.*
(80.) „ Hart *Mo, Do 4-6.*
(81.) „ Dr. Spies *Mi 4-6, Fr 2-3½ präzise.*
(82.) Einstündiger Kursus für Fortgeschrittene:
Professor Brandenburg *Mi 6-7.*
(83.) Englische Handelskorrespondenz: (Theorie und Praxis.)
Dr. Spies *Mi 8-9 Abends.*

Französisch.

(84.) Mittelkursus: Francillon *Mo, Do 4-6.*
(85.) „ Maillet *Mo, Do 3-5.*
(86.) Oberkursus: „ *Di, Fr 3-5.*
(87.) Mittelkursus: Puy-Fourcat *Mo, Do 4-6.*
(88.) Oberkursus: Puy-Fourcat *Di, Fr 3-5.*
(89.) „ Schmidt *Mo, Do 4-6.*
(90.) Einstündiger Kursus für Fortgeschrittene:
Maillet *Mi 3-4.*

Russisch.

(91.) Unterkursus: Dr. Palme *Mo, Do 4-6.*
(92.) Mittelkursus: Dr. Boehme *Di, Fr 4-6.*
(93.) Russische Lektüre: Dr. Boehme *Mi 4-6.*

Spanisch.

(94.) Unterkursus: de Palacios *Mo, Do 4-6.*
(95.) Mittelkursus: Dr. de Mugica *Mo, Do 5-7.*
(96.) Oberkursus: Dr. de Mugica *Di 5-7, Fr 6-8.*

(A) vor Übungen = „Aufnahme vorher bei dem Dozenten nachzusuchen"

Italienisch.

(97.) Unterkursus: Dr. Stoppani *Mo, Do 4-6.*
(98.) Mittelkursus: Dr. Stoppani *Di, Fr 4-6.*

(99.) Deutsche Sprachkurse für Ausländer.

Von den die Handelshochschule besuchenden Ausländern wird vorausgesetzt, daß sie eine Kenntnis der deutschen Sprache besitzen, die sie befähigt, an den Vorlesungen und Übungen teilzunehmen. Damit ihnen jedoch Gelegenheit gegeben werde, ihren Aufenthalt in Deutschland zur weiteren Vervollkommnung im Gebrauch der deutschen Sprache zu benutzen, werden Übungen im mündlichen und schriftlichen Gebrauch der deutschen Sprache abgehalten mit besonderer Rücksicht auf kaufmännische Verhältnisse:

Grammatische und stilistische Übungen. Sprechübungen über deutsche Landes- und Volkskunde, deutsches Geistes- und Wirtschaftsleben, deutsche Einrichtungen im Vergleich zu ausländischen. Schriftliche Nacherzählungen von eben Gehörtem oder Beobachtetem. Pflege der kaufmännischen Korrespondenz. Lektüre ausgewählter Abschnitte aus modernen Schriftstellern nach Paszkowski, Lesebuch zur Einführung in die Kenntnis Deutschlands und seines geistigen Lebens. 4. Auflage. Berlin, Weidmann 1909.

Professor Dr. Paszkowski *Mo, Do 9 (pünktlich) bis 10½ Vorm. (ohne Pause).*

VIII. Theorie und Praxis des kaufmännischen Unterrichts.

Dozent:

(100.) Kaufmännisches Unterrichtswesen des Auslandes — *Sb 10-11* . . . . Kühne

Die Schulverfassungen der wichtigsten außerdeutschen Kulturländer, insbesondere die Österreichs, der Schweiz, Frankreichs, Belgiens, Englands und der Vereinigten Staaten.

(101.) (*A*) Seminar für Handelslehrer I — *Sb 11-1* (14tägig, beginnend am 29. April) . . . . Kühne

Besprechungen über Fragen des kaufmännischen Unterrichts, besonders die neuen preußischen Bestimmungen über Einrichtung und Lehrpläne kaufmännischer Fortbildungsschulen, verglichen mit den österreichischen und anderen ausländischen Lehrplänen.

(102.) (*A*) Seminar für Handelslehrer II . . . . . . Kühne

Praktische Lehrtätigkeit der Mitglieder in den kaufmännischen Fortbildungsschulen der Korporation der Kaufmannschaft an später zu bestimmenden Tagen und Stunden. Besichtigung kaufmännischer Schulen.

Der Auditorienzettel erscheint vor Beginn des Semesters.

Dozent:

IX. Allgemeine wissenschaftliche Ausbildung.

(103.) Griechische Kultur — *Di 7-8* . . . . Frischeisen-Köhler

Die weltgeschichtliche Stellung Griechenlands. Land und Volk. Zusammenhang mit dem Orient. Die politische Entwickelung. Religion, Kunst, Philosophie und Wissenschaft. Der Hellenismus Verhältnis zur römischen Kultur. Bedeutung für die Renaissance und die Gegenwart.

(104.) Über Theaterkunst — *Do 6-7*. . . . . Herrmann

Der Widerspruch in den Aufgaben des Theaters: Theater im Dienst der dramatischen Dichtung, Theater ein soziales Spiel. Vereinigung in den klassischen Leistungen (Griechen, Shakespeare, Molière, Lessing, Schiller). Theater und Drama in der Gegenwart. — Das Theaterpublikum. Seine Seele. Sein Haus. — Bühneneinrichtungen einst und jetzt. — Das Wesen der Schauspielkunst. Theaterschule. Rollenstudium. — Der Regisseur im Dienste des Dichters, des Publikums, des Schauspielers. Die Probe. Der artistische Lirektor.

(105.) Deutsche Malerei im XIX. Jahrhundert (mit Lichtbildern) — *Di 5-6* . . . . Justi

Die alte Kunst. Der Klassizismus. Die Nazarener. Die Romantik. Franzosen und Belgier. Historien- und Genre-Malerei. Feuerbach, Marées, Böcklin. Menzel. Der Impressionismus.

(106.) Wohnungskultur und Städtebau (Fortsetzung des Wintersemesters, mit Lichtbildern) — *Mo 6-7* Muthesius

Bodenwert, Baukosten und Wohnungsmiete. Landerschließung, Villenkolonien, Gartenstädte. Arbeiterwohnungen. Einige Grundsätze des Städtebaues. Der Städtebau als künstlerisches Problem.

107.) Englisches Kulturleben in Vergangenheit und Gegenwart — *Do 7-8*. . . . . Spies

Zur Einführung. — Das englische Volkstum (Rasse, Nation, Klassen der Gesellschaft in alter und neuer Zeit). — Das Land und seine Bedeutung für das Volk. — Die großen Fragen der Gegenwart in Staat und Gesellschaft historisch betrachtet.

(108.) The English Language — *Do 6-7* . . . . . Spies

Preliminary remarks. — The Beginnings of English. — Chronological divisions. — The dialects. — Literary English and literary Scotch — The wordstock of English, foreign influences. — Changes in the forms of words. — Simplification of English inflections. — Characteristics of style. — Manuscripts and books. — Expansion of English — Rivalry of languages.

(109.) Vorbereitungskursus für einen Studienaufenthalt in England (Vorlesungen und Kolloquium). — Vom 27. April bis 6. Juli einschließlich — *Do präzise 4-5½* . . . . Spies

Vorbedingungen und Voraussetzungen allgemeiner Art. — Reisemöglichkeiten nach England. — Zeit, Ort und Dauer

(A) vor Übungen = „Aufnahme vorher bei dem Dozenten nachzusuchen".

Dozent:

der Studien. — Ferienkurse und andere Studiengelegenheiten in England. — Studium der Sprache und Literatur mit Besprechung der einschlägigen Hilfsmittel. — Studium der modern-englischen Kultur (Land und Leute in England). — Periodische Ausstellungen von Anschauungsmaterial jeder Art.

(110.) Courants intellectuels en France — *Fr 7-8* . . Haguenin

La France à la fin du second Empire. Le mouvement social. — La troisième République. Partis politiques. Questions religieuses. La littérature: le naturalisme.

X. Fertigkeiten.

(111.) Stenographie (System Stolze-Schrey) . . . . Coprian
Unterkursus — *Mi 6-8.*
Oberkursus — *Di, Fr 8-9 Abends.*
Diktatübungen und Debattenschrift.

XI. Studienreise.

Das Nähere hierüber wird rechtzeitig am Schwarzen Brett bekannt gemacht werden.

D.

Stunden-Übersicht

für das

Sommer-Semester 1911.

Der **Auditorienzettel** erscheint vor Beginn des Semesters.

D. Stunden-Übersicht

Stunde	Montag	Dienstag	Mittwoch
8—9		**Jastrow**, Prakt. Nationalökonomie **Leitner**, Handelsw. Seminar	**Bendix**, Bankpolitik
9—10	**Leitner**, Allg. Handelsbetriebsl. *Paszkowski, Deutsch f. Ausländer*	**Jastrow**, Prakt. Nationalökonomie **Heilfron**, Bürgerl. Recht **Leitner**, Handelsw. Seminar	**Eltzbacher**, Handelsrecht **Schär**, Handelsw. Seminar
10—11	**Leitner**, Allg. Handelsbetriebsl. **Preuß**, Völkerrecht *Paszkowski, Deutsch f. Ausländer*	**Schär**, Buchhaltung **Heilfron**, Bürgerl. Recht	**Eltzbacher**, Handelsrecht **Schär**, Handelsw. Seminar
11—12	**Preuß**, Verwaltungsrecht **Manes**, Wicht. Versich.-Zweige	**Schär**, Kalkulation **Leitner**, Bank- u. Börsenhandel	**Schär**, Zahlungsverkehr
12—1	**Preuß**, Verwaltungsrecht **Manes**, Wicht. Versich.-Zweige	**Leitner**, Bank- u. Börsenhandel	**Sombart**, Allg. Nationalökonomie
1—2		**Martens**, Elektrizitätslehre	**Sombart**, Allg. Nationalökonomie
2—3	*Hart, Engl. M. I.*	*Hart, Engl. M. II.*	
3—4	*Hart, Engl. M. I. — **Maillet**, Franz. M.*	*Hart, Engl. M. II — **Brandenburg**, Engl. O. — **Puy-Fourcat**, Franz. O. — **Maillet**, Franz. O.*	*Maillet, Franz. E.* **Martens**, Techn. Ausflüge
4—5	**Binz**, Chemische Technologie *Neuendorff, Engl. M. — Hart, Engl. O. — Francillon, Franz. M. — Maillet, Franz. M. I — Puy-Fourcat, Franz. M. — Schmidt, Franz. O. — Palme, Russ. U. — de Palacios, Span. U. — Stoppani, Ital. U.*	**Crüger**, Ueb. i. Genossenschaftsw. *Hart, Engl. M. III — Brandenburg, Engl. O. — Puy-Fourcat, Franz. O. — Maillet, Franz. O. — Boehme, Russ. M. — Stoppani, Ital. M.*	**Sombart**, Volksw. Seminar **Eltzbacher**, Jurist. Seminar *Spies, Engl. O. — Puy-Fourcat, Franz. O. — Boehme, Russ. Lektüre.*
5—6	**Binz**, Chemische Technologie *Neuendorff, Engl. M. — Hart, Engl. O. — Francillon, Franz. M. — Puy-Fourcat, Franz. M. — Schmidt, Franz. O. — Palme, Russ. U. — de Palacios, Span. U. — de Mugica, Span. M. — Stoppani, Ital. U.*	**Justi**, Deutsche Malerei **Baschin**, Geographie der Ozeane **Bendix**, Uebungen **Crüger**, Ueb. i. Genossenschaftsw. *Hart, Engl. M. III — Boehme, Russ M. — de Mugica, Span. O. Stoppani, Ital. M.*	**Sombart**, Volksw. Seminar **Eltzbacher**, Jurist. Seminar *Spies, Engl. O. — Boehme, Russ. Lektüre.*
6—7	**Leitner**, Buchhaltung f. Juristen **Muthesius**, Kunstgewerbe **Norden**, Handelsjournalistik *de Mugica, Span. M.*	**Crüger**, Genossenschaftswesen **Meißner**, Kapitalsanlage **Tiessen**, Nordamerika **Bendix**, Uebungen *de Mugica, Span. O.*	**Kriele**, Uebungen *Brandenburg, Engl. E.* *Coprian, Stenographie U.*
7—8	**Leitner**, Buchhaltung f. Juristen **Hager**, Vers.-Vertragsrecht **Marcuse**, Geogr. Ortsbestimmung **Palme**, Russ. Agrarpolitik	**Frischeisen-Köhler**, Griech. Kultur **Rohrbach**, Wirtschaftsgeogr. v. Afrika **Meyer**, Wechselrecht **Eger**, Post- u. Telegr.-Recht	**Heilfron**, Zivilprozeß **Ziegel**, Mathematik **Kriele**, Uebungen *Coprian, Stenographie U.*
8—9	**Hager**, Sozialversicherung **v. Luschan**, Völkerkunde **Marcuse**, Ueb. i. geogr. Ortsbest.	**Sombart**, Moderne Gesellschaft **Hoeniger**, Handelsgeschichte **Rohrbach**, Kolonialwirtschaft *Coprian, Stenographie O.*	**Manes**, Versich.-Praktikum **J. Hoffmann**, Verkehrspraktikum **Spies**, Engl. Handelskorresp.
9—10			

In noch zu bestimmenden Stunden: **Jastrow**, Kolloquium

Sommer-Semester 1911.

Bei den *Sprachen* bedeutet *U.* = Unterkursus, *M.* = Mittelkursus, *O.* = Oberkursus. *E.* = Einstündiger Kursus für Fortgeschrittene.

Donnerstag	Freitag	Sonnabend	Stunde
Leitner, Buchhaltungsseminar **Schönitz**, Der Kredit	**Jastrow**, Prakt. Nationalökonomie **Gerstner**, Buchhaltung (Vorb.)	**Gerstner**, Buchhaltung (Vorb.) **Schönitz**, Der Kredit	8—9
Jastrow, Einführung **Leitner**, Buchhaltungsseminar ***Passkowski***, *Deutsch f. Ausländer*	**Jastrow**, Prakt. Nationalökonomie **Heilfron**, Bürgerl. Recht	**Eltzbacher**, Handelsrecht	9—10
Schär, Buchhaltung ***Passkowski***, *Deutsch f. Ausländer*	**Schär**, Buchhaltung **Heilfron**, Bürgerl. Recht **Köbner**, Koloniale Probleme	**Eltzbacher**, Handelsrecht **Preuß**, Völkerrecht **Kühne**, Kaufm. Unterrichtswesen des Auslandes	10—11
Schär, Kalkulation **Leitner**, Bank- u. Börsenhandel	**Schär**, Zahlungsverkehr	**Martens**, Mechan. Technologie **Preuß**, Uebungen **Kühne**, Handelslehrerseminar I (14täg.)	11—12
Sombart, Allg. Nationalökonomie	**Martens**, Elektrizitätslehre	**Eltzbacher**, Konkursrecht **Preuß**, Uebungen **Kühne**, Handelslehrerseminar I (14täg.)	12—1
Sombart, Allg. Nationalökonomie	**Martens**, Elektrizitätslehre		1—2
Hart, *Engl. M. I.*	***Hart***, *Engl. M. II.* — ***Spies***, *Engl. O.*		2—3
Hart, *Engl. M. I* — ***Maillet***, *Franz. M.* —	**Jastrow**, Volksw. Seminar ***Hart***, *Engl. M. II* — ***Brandenburg***, *Engl. O.* — ***Spies***, *Engl. O.* — ***Maillet***, *Franz. O.* — ***Puy-Fourcat***, *Franz. O.*		3—4
Binz, Organ. Chemie **Spies**, Vorb.-Kursus betr. England ***Neuendorff***, *Engl. M.* — ***Hart***, *Engl. O.* — ***Francillon***, *Franz. M.* — ***Maillet***, *Franz. M.* — ***Puy-Fourcat***, *Franz. M.* — ***Schmidt***, *Franz. O.* — ***Palme***, *Russ. U.* — ***de Palacios***, *Span. U.* — ***Stoppani***, *Ital. U.*	**Jastrow**, Volksw. Seminar ***Hart***, *Engl. M. III* — ***Brandenburg***, *Engl. O.* — ***Maillet***, *Franz. O.* — ***Puy-Fourcat***, *Franz. O.* — ***Boehme***, *Russ. M.* — ***Stoppani***, *Ital. M.*	**Martens**, Kleines physik.-technisches Praktikum Do oder Sb 3-6 Uhr. — Mittleres physikalisch-technisches Praktikum Do und Sb 3-6 Uhr. — Großes physikalisches Praktikum tägl. 9-6 Uhr. **Binz**, Chem. Praktikum, 3 stündig, wahlweise Di oder Fr 3-6 Uhr. — Chemisches Praktikum, 6stünd., Di u. Fr 3-6 Uhr. — Chem. Exkursionen, i. zu verabredenden Stunden (i. Anschl. a. d. Vorlesung Chem. Technologie).	4—5
Binz, Organ. Chemie **Spies**, Vorb.-Kursus betr. England **Baschin**, Geographie der Ozeane ***Neuendorff***, *Engl. M.* - ***Hart***, *Engl. O.* — ***Francillon***, *Franz. M.* — ***Puy-Fourcat***, *Franz. M.* — ***Schmidt***, *Franz. O.* — ***Palme***, *Russ. U.* — ***de Palacios***, *Span. U.* — ***de Mugica***, *Span. M.* — ***Stoppani***, *Ital. U.*	**Eltzbacher**, Ueb. f. Vorgerückte ***Hart***, *Engl. M. III.* — ***Boehme***, *Russ. M.* — ***Stoppani***, *Ital. M.*		5—6
Spies, The English Language **Herrmann**, Theaterkunst **Hecht**, Export-Kolloquium ***de Mugica***, *Span. M.*	**Eltzbacher**, Ueb. f. Vorgerückte **Osterrieth**, Unlaut. Wettbewerb **Tiessen**, Nordamerika ***de Mugica***, *Span. O.*		6—7
Spies, Engl. Kulturleben **v. Liebig**, Allg. Versicherungsl. **Ziegel**, Zinseszins- u. Rentenrechnung	**Haguenin**, Courants intellectuels en France **Marcuse**, Allg. Himmelskunde **Rahts**, Berufs- u. Betriebsstatistik **v. Liebig**, Prakt. Uebungen ***de Mugica***, *Span. O.*		7—8
Bendix, Geld- u. Kreditverkehr **v. Liebig**, Allg. Versicherungsl.	**Eltzbacher**, Bürgerkunde **v. Liebig**, Prakt. Uebungen **Binz**, Färberei u. Zeugdruck ***Coprian***, *Stenographie O.*		8—9
Paschke, Büchervertrieb			9—10

E.

Bestimmungen über Anfragen, Aufnahmebedingungen, Gebühren, Drucksachen, ersten Immatrikulationstermin, Beginn der Vorlesungen, Ferien.

1. Anfragen in Unterrichtsangelegenheiten sind zu adressieren:

An den Rektor der Handelshochschule
Berlin C. 2,
Spandauer Straße 1

2. Anfragen einfacherer Art: z. B. betreffend Immatrikulationstage, Drucksachen etc. können auch

An das Sekretariat der Handelshochschule
Berlin C. 2,
Spandauer Straße 1.

gerichtet werden.

3. Aufnahmebedingungen und Gebühren.

a) Für die Immatrikulation als Studierender ist erforderlich:
entweder Einjährig-Freiwilligen-Zeugnis und Zeugnis über beendete kaufmännische Lehrzeit
oder Abiturienten-Zeugnis einer Vollanstalt
oder Zeugnis über bestandene zweite Lehramts-Prüfung.

Studiengeld pro Semester 125 M. (Ausländer 250 M.), einmalige Aufnahmegebühr 30 M. (Ausländer 60 M.). Studierende, die bereits an einer andern Hochschule immatrikuliert waren, zahlen nur die halbe Aufnahmegebühr. Mitglieder der Korporation der Kaufmannschaft von Berlin, sowie deren Söhne und Töchter sind von der Aufnahmegebühr befreit.

b) Als Hospitanten können Personen zugelassen werden, welche zwar den Aufnahmebedingungen genügen, aber durch persönliche Verhältnisse (höheres Lebensalter, Lebensstellung usw.) verhindert sind, sich als Studierende immatrikulieren zu lassen. Sie bezahlen als Kollegiengeld für die Wochenstunde pro Semester 10 M. (Ausländer 20 M.), sowie als Gebühr für die Benutzung der Bibliothek und Lesehalle pro Semester 5 M.

c) **Hörer** ohne Nachweis einer bestimmten Vorbildung können zu einstündigen Vorlesungen zugelassen werden und zahlen für die Wochenstunde pro Semester 10 M. (Ein Auszug aus dem Vorlesungsverzeichnis, enthaltend die „Einstündigen Vorlesungen", kann vom Sekretariat unentgeltlich bezogen werden.)

4. Ausführlichere Angaben betreffend die Handelshochschule, sowie Immatrikulationsbestimmungen, Gebührenordnung, Prüfungsordnungen etc. sind enthalten in der Druckschrift:

   „Die Handelshochschule Berlin, Bericht über die erste Rektoratsperiode Oktober 1906—1909, erstattet von dem Rektor der Handelshochschule Professor Dr. Jastrow." Verlag von Georg Reimer, Berlin W. 35. Preis 3 M. (Zu beziehen durch jede Buchhandlung, sowie direkt vom Verlage.)

   Jährliche Fortsetzungen bleiben vorbehalten.

5. Die erste Immatrikulation für das Sommer-Semester findet statt: **Sonnabend, den 15. April.** Gleichzeitig beginnen, insbesondere für neu immatrikulierte Studierende, die eine Beratung über den Studienplan wünschen, die Sprechstunden des Rektors (s. S. 3). Anmeldungen zur Immatrikulation werden jederzeit (auch während der Ferien) im Sekretariat der Handelshochschule entgegengenommen. — Die Vorlesungen beginnen **Mittwoch, den 26. April.** Den Studierenden wird empfohlen, beim Mieten von Zimmern zu vereinbaren, daß für die letzten Tage des April die Miete tagweise zu berechnen ist.

6. **Pfingstferien:** 3. bis 10. Juni.

Börsenbuchdruckerei Denter & Nicolas,
Berlin C.

www.ingramcontent.com/pod-product-compliance
Lightning Source LLC
LaVergne TN
LVHW091733021026
849161LV00003BB/593